Der Werdegang der Entdeckungen und Erfindungen

Unter Berücksichtigung
der Sammlungen des Deutschen Museums und
ähnlicher wissenschaftlich = technischer Anstalten

herausgegeben von

Friedrich Dannemann

3. Heft:

Elektrische Strahlen und ihre Anwendung
⟨Röntgentechnik⟩

München und Berlin 1922
Druck und Verlag von R. Oldenbourg

Elektrische Strahlen und ihre Anwendung

⟨Röntgentechnik⟩

Von

Dr. Franz Fuchs

Wissenschaftl. Mitarbeiter am Deutschen Museum
in München

Mit 19 Abbildungen im Text

München und Berlin 1922
Druck und Verlag von R. Oldenbourg

Auf keinem Gebiete der Physik wird seit der Entdeckung der Röntgenstrahlen (1895) mit größerem Eifer gearbeitet wie auf dem Gebiete der Strahlen, die sich beim Durchgang der Elektrizität durch Gase bilden. Es liegt dies begründet einerseits in der hohen praktischen Bedeutung der Röntgenstrahlen für die leidende Menschheit, andererseits in dem großen wissenschaftlichen Interesse an den elektrischen Strahlungserscheinungen, da gerade ihre Erforschung uns die ersten sicheren Anhaltspunkte zur Erkenntnis des Wesens der Elektrizität gegeben hat.

Die aus diesen Forschungen hervorgegangene Theorie der Jonen und Elektronen bildet nicht allein die Grundlage unserer heutigen Anschauung vom Wesen der Elektrizität, sondern sie ist uns auch bereits wiederholt bei Lösung technischer Aufgaben eine zuverlässige Führerin geworden.

Die Bedeutung dieses Wissensgebietes kommt auch im Deutschen Museum zum Ausdruck. Es bietet nämlich[1]) dem Fachmann eine reichhaltige Sammlung wichtiger Originalapparate, darunter diejenigen von Hittorf, Röntgen, Laue und ermöglicht dem Besucher die selbständige Ausführung von zahlreichen, nach den Stufen der fortschreitenden Erkenntnis geordneten Experimenten in den Demonstrationskabinetten. Es wird daher in folgendem wiederholt auf die Sammlungen des Deutschen Museums Bezug genommen werden.

A. Die Elektrizitätsentladung in freier und in wenig verdünnter Luft.

Die große Mannigfaltigkeit der Entladungserscheinungen läßt sich am leichtesten überblicken, wenn man sie nach dem Grade der Luftverdünnung, unter dem sie auftreten, ordnet. Eine derartige Einteilung entspricht auch annähernd der historischen

---

[1]) Gruppe »Elektrische Strahlen« Saal 26.

Entwicklung. Wir werden daher in nachstehendem zuerst die Entladungsformen, als Funken-, Bogen- und Glimmentladung, sodann die Kathoden- und Röntgenstrahlen beschreiben; hierauf
folgt eine gedrängte Darstellung der Theorie und schließlich der
Anwendungen und Technik der Röntgenstrahlen.

Daß die Luft, welche für gewöhnlich als Nichtleiter der Elektrizität anzusehen ist, unter besonderen Umständen den Durchgang der elektrischen Entladung gestattet, wurde erstmals im
17. Jahrhundert an den mit der Entladung verbundenen Licht-
erscheinungen beobachtet. Schon Otto von Guericke, der Erfinder
der Elektrisiermaschine, zog im Dunkeln aus einer elektrisierten
Schwefelkugel einen violett leuchtenden und knallenden Funken.
Ein späterer Beobachter beschreibt das von einer mit der Elektrisiermaschine verbundenen Spitze in die Luft austretende Büschellicht.

Um den Funken oder das Büschellicht in freier Luft hervor-
zurufen, braucht man die erheblichen Spannungen, wie sie eine
Elektrisiermaschine liefert. Nach neueren Messungen sind z. B.
zum Übergang eines Funkens von 1, 5 und 10 mm Länge in at-
mosphärischer Luft 5000, 18000 und 30000 Volt erforderlich.

Der Durchgang der Elektrizität durch die freie Luft kann
indessen auch bei niedriger Spannung vor sich gehen, wenn
man ihn nicht zwischen kalten Elektroden sondern zwischen
glühenden Kohlespitzen erfolgen läßt.

Um den elektrischen Lichtbogen zu erhalten, werden zwei
Kohlenstäbe zuerst in Berührung gebracht, und bei einer Spannung
von 80 bis 100 Volt ein Strom von 1 bis 2 Ampere hindurch ge-
sandt, so daß die Kohlespitzen durch die Stromwärme in Glut
geraten. Wenn man dann, während der Strom noch fließt, die
Kohlen auseinanderzieht, geht ein heller, dauernder Lichtbogen,
der einen Strom von vielen Ampere tragen kann, von einer Kohle
zur anderen. Die intensive Wärme- (Temperatur der positiven
Kohle 3500°, der negativen 2700°) und Lichtwirkung hat dieser
Form der elektrischen Entladung in freier Luft im elektrischen
Ofen und in der Bogenlampe zu großer praktischer Bedeutung
verholfen

Auch in einem luftverdünnten Raume geht die elektrische
Entladung schon bei geringeren Spannungen vor sich. Eine zu-
fällige, schon im 17. Jahrhundert gemachte Entdeckung bildete
den Anstoß zur Erforschung der elektrischen Entladung im luftverdünnten Raume. Als nämlich ein Quecksilberbarometer durch

ein dunkles Zimmer getragen wurde, beobachtete man, daß der über dem Quecksilber befindliche Raum, die sogenannte Torricellische Leere, mit bläulichem Lichte erfüllt wurde. Diese ganz rätselhafte Erscheinung ist später als eine elektrische erklärt worden. Durch die Reibung des Quecksilbers an den Glaswänden wird das Glas nämlich elektrisch geladen; im luftverdünnten Raume gleichen sich diese Ladungen unter Hervorrufung von Licht wieder aus. Zur Demonstration dieser Erscheinung hat man sich später besonderer »Schüttelröhren«[1]) bedient; dies sind luftverdünnte gläserne Röhren, in denen sich etwas Quecksilber befindet. Beim Schütteln der Röhre bringt das durchfallende Quecksilber die Röhre zum Leuchten.

Die experimentelle Untersuchung des »elektrischen Feuers« im Vakuum wurde wesentlich gefördert, als man in der Mitte des 18. Jahrhunderts ein besonderes Entladungsgefäß benützte, das durch eine Hahnverbindung an die Luftpumpe angeschlossen werden konnte, während die Elektrizität vermittelst zweier in Fassungen eingekitteter Drähte (sog. Elektroden) zugeleitet wurde. Man nannte diese Gefäße wegen der meist gebräuchlichen Form „elektrisches Ei«.

Ist ein solches Gefäß mit Luft gefüllt, so geht beim Anlegen der von einer Elektrisiermaschine kommenden Drähte keine sichtbare Entladung hindurch, falls die Elektroden weit genug voneinander abstehen. Sowie aber die Luft bis auf den 20. Teil, d. i. bis auf einen Druck von 35 mm, ausgepumpt ist, gehen zwischen den Elektroden dünne, violette Lichtfäden (Funken) über[2]). (Abb. 1a) Setzt man die Verdünnung fort, so gehen die violetten Funken in eine rötliche Lichtsäule über, die bei etwa 10 mm Druck die ganze Breite des Gefäßes ausfüllt. (Abb. 1b) Diese sog. positive Lichtsäule reicht von der Anode bis nahezu zur Kathode. Letztere ist mit bläulichem Glimmlicht überzogen.

---

[1]) Schüttelröhre und elektrisches Ei sind im Deutschen Museum in älteren Originalen und in neueren Demonstrationsapparaten aufgestellt.

[2]) Den Grad der Luftverdünnung in einem Gefäß mißt man durch den Luftdruck, der in gleichem Maße wie die Luftmenge abnimmt. Der Druck wird mit dem Manometer durch die Höhe einer Quecksilbersäule in mm gemesssen. 760 mm Quecksilber entspricht dem Druck einer Atmosphäre (Barometerstand über dem Meere.). Sinkt der Druck unter 1 mm, so sind besondere Manometer, sog. Vakuummeter, erforderlich. Diese erlauben, heute Drucke der besten Luftpumpen bis auf 0,00001 mm zu messen.

4

Die Vorgänge im »elektrischen Ei« konnte man sich zunächst
nicht erklären, und lange Zeit wurden sie in den physikalischen
Kabinetten nur als Kuriosität vorgeführt. Später (um 1840) hat
Faraday diesen Erscheinungen seine besondere Aufmerksamkeit
geschenkt und sie so gründlich untersucht, wie es die damaligen
experimentellen Hilfsmittel erlaubten. Er wies zuerst auf den
zwischen dem positiven Licht und dem negativen Glimmlicht be-
findlichen Dunkelraum hin, der daher auch der »Faradaysche«

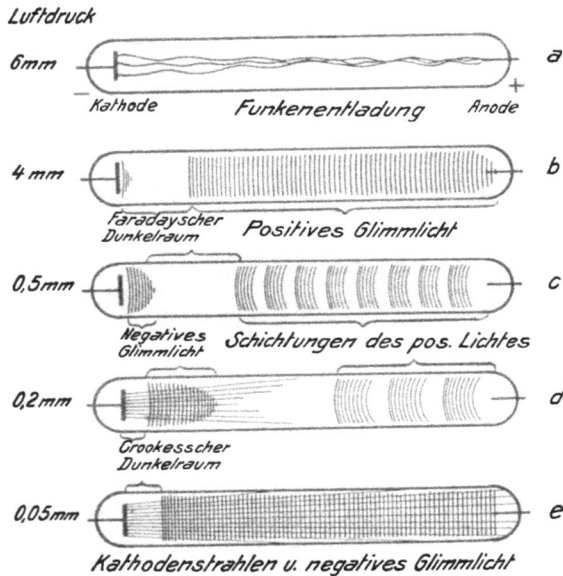

Abb. 1. Die Entladungsformen bei fortschreitender Luftverdünnung.

Dunkelraum genannt wird. Ferner machte er die wichtige Feststellung, daß bei Änderung des Elektrodenabstandes und Kon-
stanthalten des Stromes sich nur die Länge der positiven Säule
ändert, während das negative Glimmlicht und der Dunkelraum
unverändert bleiben. Eine besondere Merkwürdigkeit des positiven Lichtes ist die, daß es bei steigender Verdünnung in einzelne
durch dunkle Räume unterbrochene Schichten (vgl. Abb. 1 c)
zerfällt.

Der wissenschaftlichen Erforschung der Entladungserscheinungen kamen in der Mitte des vorigen Jahrhunderts zwei wichtige
Fortschritte der Versuchstechnik zu Hilfe, die das Arbeiten

bei höheren Graden der Luftverdünnung ermöglichten. Es war dies die Verwendung von in die Glaswand der Entladungsröhre eingeschmolzenen Platindrähten an Stelle der niemals dichtschlie-ßenden, eingekitteten Elektroden, und zweitens die Erfindung der Quecksilberluftpumpe im Jahre 1862 durch Geißler. Sie gestattete die Luftentleerung bis zu einem erheblich höheren Grade, wie sie die damals bekannten Kolbenluftpumpen ermöglichten.

Die neuen technischen Hilfsmittel führten vor allem in den Händen von Plücker und dessen Schüler Hittorf zu neuen Erkenntnissen, unter welchen die Entdeckung der Kathodenstrahlen die weitaus wichtigste ist.[1])

Geißler, Plücker, Hittorf und anderen verdankt man folgende Apparate, die sowohl wissenschaftlich als praktisch von Bedeutung sind:

1. Die Geißlerschen Röhren. Zur Demonstration der herrlichen Effekte des positiven Lichtes hat Geißler kunstvoll geformte Röhren hergestellt, die in den physikalischen Kabinetten große Verbreitung fanden. Die Röhren sind gerade oder in vielen Windungen gekrümmt; als Elektroden dienen eingeschmolzene Platindrähte. Nach dem Herauspumpen der Luft werden sie zugeschmolzen und können dann mit jeder Elektrisiermaschine oder mit einem Funkeninduktor betrieben werden. Meist sind sie auch mit verschiedenen Gasen gefüllt, die dann in verschiedenen Farben leuchteten, oder sie bestehen aus verschiedenartigem Glas, wodurch eine wechselnde Fluoreszenz hervorgerufen wird.

2. Spektralröhren. Da die Farbe des positiven Lichtes von der Natur des Gases abhängt, so kann die Röhre auch zur spektralanalytischen Erkennung eines Gases dienen.

Um die Intensität des Lichtes zu steigern, ließ Plücker durch Geißler Röhren mit kapillarer Verengung, sog. Spektralröhren, anfertigen. Richtet man das Spektroskop auf diesen hellsten Teil des Lichtes, so zeigen sich die für die verschiedenen Gase charakteristischen helleuchtenden Liniengruppen.

3. Das Moorelicht. Es wird in weiten Glasröhren von vielen Metern Länge an den Decken oder Wänden entlang geführt. Die Röhre ist mit Stickstoff oder Kohlendioxyd unter einem Druck von 0,1 mm angefüllt, welches beim Anlegen einer Hochspannung

---

[1]) Hittorf hat 1905 seine Originalröhren dem Deutschen Museum zur dauernden Aufbewahrung überreicht. Von den Röhren Plückers sind dort getreue Nachbildungen aufgestellt.

von mehreren tausend Volt ein ruhiges gleichmäßig verteiltes Licht von angenehm gelblich-roter Farbe aussendet.

4. Die Quecksilberbogenlampe stellt eine besonders wichtige Anwendung des positiven Lichtes dar. Es gelang nämlich, im luftverdünnten Raume einen helleuchtenden, violetten Lichtbogen zwischen Quecksilberelektroden zu erzeugen. Mit Rücksicht auf die entstehende hohe Wärme ist es notwendig, statt des gewöhnlichen Glases das gegen Wärmeschwankungen viel widerstandsfähigere Quarzglas zu verwenden. Das Quarzglas hat noch den weiteren Vorzug, daß es die im Quecksilberlicht enthaltenen ultravioletten Strahlen, die das gewöhnliche Glas absorbiert, hindurchläßt. Derartige Quarzlampen finden zu Beleuchtungs- und zu photographischen Zwecken, sowie als »Höhensonne« in der Medizin eine immer wichtigere Anwendung.[1])

B. Die Elektrizitätsleitung im hohen Vakuum.
‹Kathoden- und Röntgenstrahlen›.

Setzt man das Auspumpen einer Entladungsröhre so weit fort, daß im Innern nur noch ein Druck von 0,1 mm herrscht, so zieht sich das positive Licht allmählich zurück, der Faradaysche Dunkelraum vergrößert sich (vgl. Abb. 1d); außerdem ziehen sich die Schichtungen weiter auseinander und das positive Licht verblaßt. Gleichzeitig beobachtet man an der Kathode, daß das negative Glimmlicht sich von ihr ablöst, wobei zwischen der an der Kathode haftenden ersten, gelblich gefärbten Schicht und dem negativen Glimmlicht ein Dunkelraum (der sog. Crookessche Dunkelraum) entsteht. Bei weiterer Verringerung des Gasdrucks verwandelt sich die erste Kathodenschicht in ein den Crookesschen Dunkelraum und das Glimmlicht durchsetzendes Strahlenbündel, welches das Glas beim Auftreffen zu einer glänzenden grüngelben Fluoreszenz anregt. (Vgl. Abb. 1e). Es sind dies die sog. Glimmlichtstrahlen oder Kathodenstrahlen, deren wichtigste Eigenschaften von Hittorf im Jahre 1869 festgestellt wurden. Crookes brachte dann in höher evakuierten Röhren die Kathodenstrahlen in großer Reinheit hervor.[2])

---

[1]) Die ersten Modelle der Quecksilberbogenlampe von Arons (1896), sowie eine betriebsfähige Quarzlampe befinden sich im Deutschen Museum.

[2]) Im Deutschen Museum können die beschriebenen Entladungserscheinungen an einer Entladungsröhre, die durch eine Quecksilberluftpumpe allmählich leergepumpt wird, studiert werden.

Bei den Kathodenstrahlen ist folgendes zu beachten:

1. Die Erregung der Fluoreszenz des Glases rings um die Kathode herum bietet das bequemste ·Mittel, um die sonst unsichtbaren Kathodenstrahlen aufzufinden. Die Farbe dieses Fluoreszenzlichtes hängt von der Natur des Glases ab, sie ist bei weichem Natriumglas hellgrün, bei Uranglas dunkelgrün, bei hartem Bleiglas blau. Viele andere nichtmetallische Körper, wie Schwefelkalzium, Flußspath, Kreide, Perlmutter, Rubin, Smaragd, die man im Innern der Entladungsröhre den Kathodenstrahlen aussetzt, fluoreszieren in noch höherem Grade.

2. Die gradlinige Ausbreitung. Die Kathodenstrahlen gehen stets in geraden Linien und senkrecht zur Fläche der Kathode fort; sie »weigern sich, um die Ecke zu biegen«, ganz unabhängig von der Lage der positiven Elektrode. Hat die Kathode die Form eines Hohlspiegels, so vereinigen sich die Strahlen im Kugelmittelpunkte, um dann von diesem aus wieder auseinander zu gehen. Crookes brachte in den Gang der Kathodenstrahlen ein Aluminiumkreuz, das auf der gegenüberliegenden leuchtenden Glaswand einen deutlichen Schatten wirft.

3. Die Wärmewirkung. Eine weitere Eigenschaft der Kathodenstrahlen ist die, daß sie die Glaswand, auf die sie treffen, erwärmen. Durch Konzentration der Strahlen mittels einer hohlspiegelförmigen Kathode kann die Wärmewirkung sehr gesteigert werden, so daß z. B. ein dünnes Platinblech erglüht. Konzentriert man die Strahlen auf die Glaswand der Röhre, so kann diese zum Erweichen gebracht werden; dies hat dann zur Folge, daß die atmosphärische Luft die Wand eindrückt.

4. Die magnetische Ablenkung. Sie stellt eine besonders merkwürdige, von den gewöhnlichen Lichtstrahlen abweichende Eigenschaft der Kathodenstrahlen dar. Um sie deutlich zu

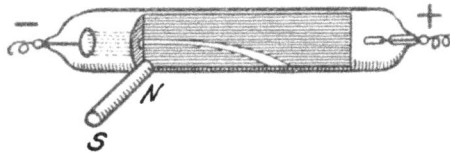

Abb. 2. Die Magnetische Ablenkung der Kathodenstrahlen.

sehen, blendet man einen dünnen Kathodenstrahl aus, dessen Verlauf dann auf einem mit Leuchtfarbe bestrichenen Schirm sichtbar gemacht wird. (Abb. 2).

Nähert man dann senkrecht zum Schirm den Nordpol eines Magneten, so krümmt sich der Kathodenstrahl nach unten. Die Ablenkung (Krümmung) wird umso stärker, je kräftiger der Magnet ist. Die Kathodenstrahlen verhalten sich danach im Magnetfelde wie elastische biegsame Stromleiter, die an der Kathode befestigt, im übrigen aber frei beweglich sind. und in welchen der Strom nach der Kathode zu fließt.

5. Die Kathodenstrahlen führen eine negative Ladung mit sich; eine in das Innere der Röhre gebrachte Metallelektrode, die mit einem Elektrometer in Verbindung steht, zeigt einen starken Anstieg der negativen Ladung an, sobald ein Kathodenstrahlbündel durch einen Magneten auf die Elektrode hingelenkt wird.

6. Die elektrische Ablenkung. Die Existenz der magnetischen Ablenkung ließ vermuten, daß die Kathodenstrahlen auch elektrisch ablenkbar sind. Der Nachweis dieser Wirkung gelingt nur bei sehr geringem Drucke (kleiner als 0,01 mm).

Zur Demonstration der elektrischen Ablenkung der Kathodenstrahlen dient die Braunsche Röhre (Abb. 3), die zugleich

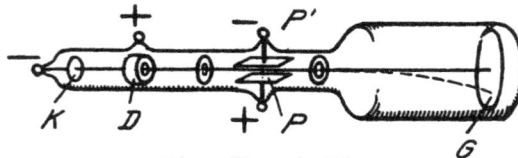

Abb. 3. Braunsche Röhre.

ein wichtiges Hilfsmittel zur Untersuchung rasch veränderlicher Ströme und Spannungen ist, wie sie in der Elektrotechnik und in der Funkentelegraphie vorkommen.

Von der Kathode K gehen die Kathodenstrahlen aus. Mittels einer Blende D wird ein 1 mm dicker Strahl ausgeblendet, der zwischen zwei Kondensatorplatten P und P′ hindurch geht und schließlich auf dem mit Willemit (kieselsaures Zink) bestrichenen Glimmerschirm G einen bläulichen Lichtpunkt hervorruft.

Werden die Kondensatorplatten elektrisch geladen, so wird der Kathodenstrahl abgelenkt, der Fluoreszenzfleck geht nach oben oder nach unten (S. Abb. 3). Soll nun z. B. die Spannungskurve eines Wechselstromes aufgenommen werden, so legt man die Wechselspannung an die Kondensatorplatten, wodurch der Lichtpunkt periodisch und sehr rasch auf und ab schwankt. Es wird eine senkrechte Lichtlinie sichtbar, die sich in einem Drehspiegel in eine Wellenlinie auflöst.

7. **Äußere Kathodenstrahlen** (Lenardstrahlen). Alle Wirkungen der Kathodenstrahlen lassen sich nur im Innern einer hochevakuierten Röhre beobachten. Es scheint, daß sie in das Innere der Röhre gebannt sind und daß nichts von ihnen durch die Glaswand der Röhre hindurchdringen kann. Da beobachtete zuerst Heinrich Hertz, daß die Kathodenstrahlen durch ein im Innern der Entladungsröhre befestigtes Gold- oder Aluminiumblättchen hindurchgehen und dann noch imstande sind, die Fluoreszenz des Glases zu erregen. Auf Anregung von Hertz gelang es bald darauf seinem damaligen Assistenten Lenard, durch ein in die Glaswand der Röhre eingesetztes Fensterchen von dünner Aluminiumfolie (Abb. 4) die Kathodenstrahlen erstmals aus der

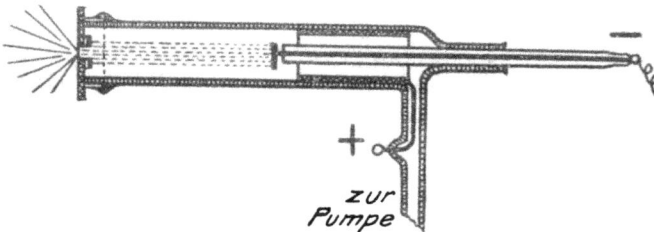

Abb. 4. Demonstration der Lenardstrahlen.

Entladungsröhre in die freie Luft treten zu lassen, so daß man nunmehr die Kathodenstrahlen für sich allein und frei von den komplizierten Prozessen ihrer Erzeugung untersuchen konnte. Die Strahlen sind unmittelbar nicht sichtbar, erst durch das Aufleuchten von Fluoreszenzschirmen kann ihr Vorhandensein nachgewiesen werden. Auch lassen sich die Strahlen, ähnlich wie das unsichtbare ultraviolette Licht, photographieren. Dabei zeigt sich daß die freie Luft für die Strahlen nicht sehr durchlässig ist, denn schon wenige Zentimeter vom Aluminiumfenster entfernt, verschwindet die Fluoreszenzwirkung. Bei Untersuchung der Durchlässigkeit von Körpern für Kathodenstrahlen stellte man fest, daß es auf die optische Durchsichtigkeit der Körper gar nicht ankommt. Dünne Blattmetalle waren z. B. durchlässig, während eine dickere Quarzplatte undurchlässig blieb. Im allgemeinen war die Durchlässigkeit eines Körpers um so größer, je geringer seine Dichte ist, ein Verhalten, das keiner damals bekannten Strahlung eigen war.

Die Lenardsche Entdeckung, welche seit Hittorf den ersten größeren Fortschritt in der Erforschung der elektrischen Strahlen darstellt, lenkte erstmals die Aufmerksamkeit der Physiker auf die Umgebung der Kathodenröhre. Das eingehende Studium dieser Erscheinung führte W. C. Röntgen im Winter 1895/96 auf eine ganz neue Tatsache von weittragender Bedeutung. Er fand nämlich, daß von einer in schwarzes Papier gehüllten Kathodenröhre Strahlen ausgehen, die durch das Glas hindurch dringen und in der äußeren Umgebung der Röhre Fluoreszenzschirme zum Leuchten bringen. Röntgen erkannte alsbald, daß hier eine ganz neue Wirkung vorliegt, die von derjenigen der inneren und der äußeren Kathodenstrahlen wesentlich abweicht. Nachdem die Existenz dieser »neuen Art von Strahlen« nachgewiesen war, ging er daran, ihre Eigenschaften zu untersuchen, und schon nach wenigen Wochen konnte er über die wichtigsten Eigenschaften der X-Strahlen, wie er sie nannte, folgendes berichten:

a) Erregung von Fluoreszenz. Wollen wir an einer bis zum Auftreten der Kathodenstrahlen evakuierten Entladungsröhre die Röntgenstrahlen nachweisen, so umhüllen wir die Röhre zunächst mit schwarzem Papier, so daß sämtliches sichtbares Licht abgehalten wird. Vor die Röhre wird in etwa 10 cm Abstand ein Fluoreszenzschirm (Bariumplatinzyanürschirm) gebracht, der zunächst dunkel bleibt. Setzt man aber das Leerpumpen der Röhre fort, so beobachtet man alsbald ein Aufleuchten des Schirmes, das von den aus der Röhre tretenden, dem Auge unsichtbaren Röntgenstrahlen herrührt.

b) Entstehung und Ausbreitung der Röntgenstrahlen. Sie gehen von denjenigen Stellen der Glaswand aus, die durch das Auftreffen der Kathodenstrahlen zur Fluoreszenz gebracht werden. (Abb. 5). Von dort aus gehen sie nach allen Richtungen in den Raum. Auf ihrem Wege lassen sie sich im Gegensatz zu den gewöhnlichen Lichtstrahlen weder reflektieren noch brechen; auch eine Beugung konnte man ursprünglich nicht erkennen.

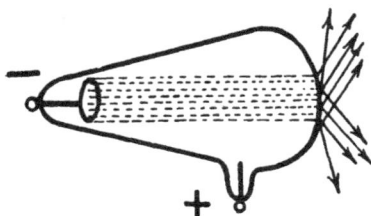

Abb. 5. Die Entstehung der Röntgenstrahlen.

c) Das Durchdringungsvermögen der Röntgenstrahlen. Hält man zwischen die Röhre und den Schirm ein Stück Holz, so ruft es einen kaum merklichen Schatten auf dem Schirm hervor. Die Röntgenstrahlen besitzen danach die merkwürdige Eigenschaft, daß sie auch undurchsichtige Körper durchdringen und zwar um so leichter, je geringer die Dichte des betreffenden Körpers ist. Papier, Pappe, Holz, Tuch, Leder, Aluminium sind leicht durchlässig; die schweren Metalle: Gold, Silber, Blei, sind in Dicken von 2 bis 3 cm bereits undurchlässig. Auf die optische Durchlässigkeit kommt es hiebei gar nicht an. Da die dichteren Körper für Röntgenstrahlen die undurchsichtigeren sind, so muß sich aus umhüllten oder eingeschlossenen Körpern der Inhalt als dunkler Schatten abzeichnen, falls er eine größere Dichte besitzt wie die Umhüllung. So konnte Röntgen die in einem hölzernen Kasten eingeschlossenen Gewichte auf dem Leuchtschirm nach Form und Größe sich abzeichnen lassen. Da ferner die Knochen dichter sind als das Fleisch, so müssen sich im Schattenbild einer zwischen die Röhre und den Schirm gebrachten Hand die Handknochen als dunkle Schatten abbilden, während die Fleischteile einen hellen Schatten hervorrufen.

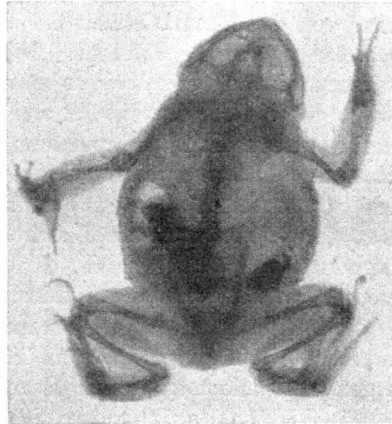

Abb. 6. Röntgenbild einer Kröte mit Steinen im Magen.

d) Die photographische Wirkung. Nachdem einmal die durchdringende Kraft der neuen Strahlen entdeckt und das Schattenbild auf dem Leuchtschirm gesehen worden war, bedeutete es nur noch einen Schritt weiter, dieses Schattenbild photographisch festzuhalten; denn man wußte schon, daß Strahlen, welche Fluoreszenz erregen, auch photographisch wirksam sind. Statt des Leuchtschirmes verwendet man eine in schwarzes Papier eingewickelte Platte, legt auf diese die Hand und bestrahlt die Platte durch die Hand hindurch wenige Sekunden mit Röntgenstrahlen. Auf der Platte zeigt sich nach der Entwicklung das viel bewunderte Schattenbild der Knochenhand und damit hatte Röntgen das bisher Unsichtbare erstmals photographisch festgehalten. Die nebenstehende Abb. 6 zeigt das Röntgenbild einer Kröte mit Steinen (schwarze Flecke) im Magen.

e) Die Härte der Strahlen. Röntgen stellte bereits fest, daß das Durchdringungsvermögen der X-Strahlen umso größer wird, je höher das Vakuum der verwendeten Röhre ist und je höhere

Spannungen man infolgedessen an die Röhre anlegen muß. Man unterscheidet dieses verschiedene Verhalten der Röntgenstrahlen als »hart« und »weich«. Die harten Strahlen geben wegen ihrer großen Durchdringungsfähigkeit wenig kontrastreiche Bilder, da sie z. B. mit derselben Leichtigkeit Knochen und Fleischteile durchdringen; sie eignen sich daher nicht zu Durchleuchtungen. Umgekehrt werden durch »weiche« oder »mittelweiche« Strahlen, wie sie im niederen Vakuum beim Anlegen geringerer Spannungen entstehen, kontrastreiche Photographien hervorgerufen.

Eine gewöhnliche Röntgenröhre liefert im allgemeinen ein Gemisch von harten und weichen Strahlen, dessen Zusammensetzung von der Beschaffenheit der Röhre und dem Verlauf der angelegten Spannung abhängt. Will man aus dem Gemisch die weichen Strahlen austilgen, so schickt man es durch sog. Strahlenfilter, das sind dünne Bleche aus Aluminium, Zink, Kupfer und Blei. Je nach der Dicke und dem Material des Filters kann man Strahlen bestimmter Minimalhärte herausziehen. Zur Schätzung der Strahlenhärte können Platinblättchen verschiedener Dicke dienen, die hinter einem Leuchtschirm in die Bohrungen einer Bleiplatte eingesetzt werden. Je härter die Strahlen sind, umsomehr Blättchen werden durchdrungen.

Ein indirektes Maß der Strahlenhärte bildet die an die Röhre angelegte Spannung, die mit Hilfe einer parallel zur Röhre liegenden Funkenstrecke gemessen werden kann.

f) Die Intensität der Strahlen ist hauptsächlich durch die Zahl und die Geschwindigkeit der auf die Antikathode auftreffenden Elektronen bestimmt. Sie wird umso größer sein, je größer der Ionengehalt der Röhre und damit die durchgehende Stromstärke ist.

Hieraus folgt, daß bei gleicher an die Röhre angelegter Spannung eine »weiche« Röhre intensivere Strahlen liefert wie eine »harte« Röhre.

Die in der Praxis gebräuchlichen Instrumente zum Messen der Intensität der Röntgenstrahlen beruhen meist auf der chemischen Veränderung (Verfärbung) von Salzen (Bromsilber etc.). Die Tiefe der Färbung, die innerhalb einer bestimmten Zeit erreicht wird, gibt ein Maß für die Intensität der absorbierten Strahlen.

g) Die von Röntgenstrahlen durchdrungene Luft wird leitfähig (ionisiert). Ein elektrisch geladener Körper, der isoliert in der Luft aufgestellt ist, verliert daher seine Ladung, sobald er von Röntgenstrahlen getroffen wird, und zwar um so rascher, je intensiver die Strahlen sind. Diese Eigenschaft der Röntgenstrahlen kann daher auch zum Messen ihrer Intensität dienen.

C. Die Theorie der Ionen und Elektronen.

So offen wie sich die Entladungsvorgänge in der Luft unserem Auge darbieten, so tief verbirgt sich ihre Ursache unserem geistigen Blick. Erst in der neuesten Zeit ist man durch die Theorie der Ionen und Elektronen zu einer vorerst befriedigenden Vorstellung von der Elektrizitätsleitung in den Gasen gekommen. Die Theorie der Ionen wurde zuerst zur Erklärung des Stromdurchganges durch Flüssigkeiten, der stets von einer chemischen Zersetzung (Elektrolyse) begleitet ist, aufgestellt. Die elektrolytische Zersetzung geht nämlich stets so vor sich, als ob beim Durchgang des Stromes der eine Teil der zersetzten Substanz nach dem positiven, der andere nach dem negativen Pole wandert. Hierbei zeigt es sich, daß die wandernden Stoffmengen von der Menge der durchgehenden Elektrizität abhängen.

Zur Erklärung dieses Verhaltens dachte sich Faraday, daß die Elektrizität sich auf gleichwertige Atome oder Atomgruppen gleichmäßig verteile, und daß die einzelnen, mit positiver und negativer Elektrizität beladenen Atome, die sog. Ionen, in der Flüssigkeit langsam nach den entgegengesetzten Polen (Elektroden) hinwandern und so den Transport der Elektrizität bewirken. An den Elektroden geben sie dann ihre Ladungen ab und regen damit den Strom im äußeren Kreise an. Nach Verlust der Ladung gehen die Ionen wieder in chemische Moleküle über und treten als ausgeschiedene Substanz an den Elektroden sichtbar auf.

Da der Elektrizitätsdurchgang durch Flüssigkeiten schon beim Anlegen der geringsten Spannungen erfolgt, so müssen in der Lösung die Moleküle schon vorher zum Teil in Ionen gespalten sein (Dissoziationstheorie von Arrhenius.).

Auch die Leitfähigkeit der Luft kommt durch die Bewegung der positiven und der negativen Ionen zustande. Da aber die Luft in normalem Zustande nur wenig Ionen enthält, kommt es, daß in einem schwachen Felde — etwa zwischen den Polen einer Akkumulatorenbatterie — so gut wie kein Strom durch die Luft gehen kann.

Die Leitfähigkeit der Luft kann aber z. B. durch hohe Spannungen erheblich gesteigert werden, so daß unter plötzlichem Stromanstieg die unsichtbare Entladung in die leuchtende Funkenentladung übergeht. Man erklärt diesen Vorgang damit, daß jedes Ion, sobald es im elektrischen Felde eine genügend große Geschwindigkeit erlangt hat, die Fähigkeit erhält, neutrale Gasmoleküle beim Zusammenstoß in Ionen zu zerspalten. (Stoßionisation). Die neuerzeugten Ionen werden ihrerseits wieder durch Stoß ionisierend wirken, sodaß eine enorme Stromvermehrung eintreten muß. Die neuere Physik hat uns noch eine Reihe anderer Mittel zur Erhöhung der Leitfähigkeit der Luft an die Hand gegeben, wie z. B. die Einwirkung von ultraviolettem Licht, durch glühende Körper, Röntgenstrahlen usw. Wir stellen uns vor, daß durch diese Einwirkungen die neutralen Moleküle in positive und negative Ionen gespalten werden. Auf diese Weise ionisierte Luft ermöglicht auch schon in einem schwachen elektrischen Felde den Stromdurchgang. Ein bekanntes Beispiel für die ionisierende Wirkung glühender Körper stellt der zwischen glühenden Kohlen übergehende Lichtbogen dar.

Im Bilde der Ionentheorie wird es nun auch verständlich, daß die Funkenentladung im luftverdünnten Raume bei geringerer Spannung eintritt wie in freier Luft, denn die Ionen werden im Vakuum viel seltener mit Luftmolekülen zusammenstoßen und erlangen daher auch schon in schwächeren Feldern die zur Stoßionisation erforderliche Geschwindigkeit.

Eine wesentliche Vertiefung erhielt die Ionentheorie durch einen Gedanken von Helmholtz. Er nahm nämlich an, daß die positiven und die negativen Ladungen der Ionen auch nach ihrem Übergange auf den metallischen Leiter ihre Individualität beibehalten und nicht in die kontinuierliche Masse eines elektrischen Fluidums übergehen. Die elektrischen Ladungen, welche mit den Atomen vereint die Ionen bilden, sind die Elektrizitätsatome oder Elektronen. Der elektrische Strom im Innern eines Metalldrahtes ist danach als eine Bewegung der Elektronen in ihm anzusehen. Diese Anschauung erhielt ihre experimentelle Bestätigung, als man in den Kathodenstrahlen frei bewegliche, negative Elektronen entdeckte.

Zur Erklärung der merkwürdigen Eigenschaften der Kathodenstrahlen nahm der englische Physiker Crookes ursprünglich an, daß die Kathodenstrahlen aus negativ elektrischen Gasmolekülen beständen, die von der Kathode mit großer Geschwindigkeit fortgeschleudert würden und bei der hohen Gasverdünnung ohne Zusammenstoß mit anderen Molekülen auf geradem Wege durch die Röhre flögen. Eine Reihe von Eigenschaften der Kathodenstrahlen, wie z. B. ihre geradlinige Ausbreitung, das Hervorrufen von Fluoreszenz und Wärme durch das Aufprallen der Moleküle auf das Glas, die magnetische Ablenkbarkeit, ließ sich aus dieser Annahme verständlich machen. Als indessen Hertz nachgewiesen hatte, daß die Kathodenstrahlen auch Blattgold durchdringen können, war eine Erscheinung gefunden, die mit der Crookesschen Hypothese nur schwer in Einklang zu bringen war. Danach mußten die Teilchen offenbar von viel feinerer Struktur sein wie gewöhnliche Moleküle.

Diese Vermutung bestätigten die seit dem Jahre 1896 begonnenen genauen Messungen der Geschwindigkeit und der sog. spezifischen Ladung der Kathodenstrahlen, d. i. des Verhältnisses der Ladung des Teilchens zu seiner Masse. Diese Messungen, an denen sich die bedeutendsten Physiker[1]) der letzten 25 Jahre beteiligt haben, führten zu nachstehenden überraschenden Ergebnissen:

1. Die Wirkungen der Kathodenstrahlen bei hohen Verdünnungen sind unabhängig von der Natur des noch vorhandenen Gasrestes.

2. Die Masse der Teilchen ist bei Verwendung von verschiedenen Gasen stets die gleiche, also können die Teilchen nicht aus Ionen bestehen.

3. Die elektrische Ladung der Teilchen ist unabhängig von der angelegten Spannung; die Teilchen können daher ihre Ladung nicht erst durch den Kontakt mit der Kathode erhalten haben.

4. Die spezifische Ladung, d. i. das Verhältnis von Ladung zur Masse ergibt sich stets 1800 mal so große wie bei einem Wasserstoff-Ion.

Besitzen also die Elektrizitätsteilchen in der Kathodenröhre die gleiche Elementarladung wie das Wasserstoff-Ion, so müssen wir ihnen eine 1800 mal kleinere Masse zuschreiben. Wir haben also in den Kathodenstrahlen die nahezu masselosen negativen Elektrizitätsatome, die Elektronen vor uns.

5. Die Geschwindigkeit der Kathodenstrahlen kann unter der Voraussetzung, daß die Masse der Elektronen bekannt ist, aus der magnetischen Ablenkung ermittelt werden. Sie wird nämlich in einem konstanten Magnetfelde um so geringer sein, je rascher sich das Elektron bewegt; genau so, wie

---

[1]) Die von W. Kaufmann und A. Bucherer benützten Originalapparate sind im Besitze des Deutschen Museums.

eine Kanonenkugel sich um so später zur Erde senkt, je größer ihre Geschwindigkeit ist. Aus den Messungen ergab sich, daß die Geschwindigkeit der Kathodenstrahlen eine ganz beträchtliche ist. Sie beläuft sich, je nach der angelegten Spannung, auf 60000 bis 100000 km in der Sekunde, d. i. $^1/_5$ bis $^1/_3$ der Geschwindigkeit des Lichtes.

Da in der Luft für gewöhnlich nur wenige Ionen und freie Elektronen vorhanden sind, so müssen wir annehmen, daß die Elektronen zum Teil aus der Kathode in die Luft austreten. Wir stellen uns vor, daß sie äußerst zahlreich sich zwischen den Molekülen der metallischen Kathode hin und her bewegen und bei gewöhnlicher Temperatur an der Oberfläche durch eine Anziehungskraft zurückgehalten werden. Erst durch die Einwirkung der auf die Kathode mit Beschleunigung zufliegenden, positiven Ionen erlangen einige Elektronen genügend große Geschwindigkeiten, um das Metall zu verlassen. Die ausgesandten Elektronen werden ihrerseits im elektrischen Felde beschleunigt, so daß sie nach dem im Faradayschen Dunkelraum (s. S. 4) gewonnenen Anlauf imstande sind, durch Stoß die Luftmoleküle zu ionisieren.

Je nach den Verhältnissen kann nun entweder die Ionisation sich bis zur Anode erstrecken und wir erhalten die positive Lichtsäule. Oder aber die Elektronen können nur auf einer kurzen Strecke Ionisation hervorrufen und müssen dann erst wieder im elektrischen Felde beschleunigt werden, ehe sie wieder Ionisation hervorrufen können. So entsteht das geschichtete Licht. Da das Leuchten in der Entladungsröhre durch die Stoßionisation hervorgerufen, wird, ist es jetzt ohne weiteres verständlich, daß mit steigender Entleerung der Röhre das positive Glimmlicht verblaßt. Die nach der Anode zuwandernden negativen Ionen, sowie die an ihr ankommenden Elektronen geben schließlich ihre negativen Ladungen an der Anode ab und regen damit den Strom im äußeren Kreis an. Die Entladung in Gasen setzt also stets das Vorhandensein von Ionen voraus; im äußersten Vakuum kann daher zwischen kalten Elektroden kein Strom übergehen.

Die Auslösung von Elektronen aus Metallen kann auch ganz unabhängig von der elektrischen Entladung, nämlich durch ultraviolettes Licht oder starke Erhitzung bewirkt werden. Heinrich Hertz beobachtete zuerst, daß der Übergang eines Funkens zwischen den Polen einer Funkenstrecke erheblich erleichtert wird, wenn man den negativen Pol mit ultraviolettem Licht bestrahlt.

Bald darauf entdeckte Hallwachs, daß eine blanke Zinkplatte bei Bestrahlung mit ultraviolettem Lichte negative Ladungen rasch verliert, während sie positive behält. (Lichtelektrischer Effekt.) In beiden Fällen haben wir es mit der Aussendung von negativen Elektronen zu tun, welche die Luft ionisieren.

Im allgemeinen können diese Erscheinungen nur durch ultraviolettes Licht hervorgerufen werden, indessen ist nach den Untersuchungen von Elster und Geitel[1]) bei den Alkalimetallen (z. B. Kalium, Natrium, Rubidium) die lichtelektrische Empfindlichkeit so groß, daß diese auch bei Bestrahlung mit gewöhnlichem Lichte Elektronen aussenden.

Die auf dieser Entdeckung beruhenden lichtelektrischen Zellen finden wegen ihrer großen Empfindlichkeit bei allen Versuchsanordnungen der Lichttelephonie und Fernphotographie eine wichtige Anwendung. Neuerdings werden sie auch zur Messung der Helligkeit der Sterne in der Astronomie verwendet.

Ein anderes Mittel zur Elektronenauslösung bildet das Erhitzen von Metallen; dies erklärt auch die schon vor 200 Jahren gemachte Beobachtung, daß die Luft in der Nähe eines glühenden Körpers die Elektrizität leitet. Bringt man einen glühenden Metall- oder Kohlefaden in ein hoch evakuiertes Gefäß, so erteilen die austretenden Elektronen einer isoliert in das Gefäß gebrachten Metallplatte eine negative Ladung. Verbindet man die Platte über ein empfindliches Galvanometer mit dem Glühdraht, so zeigt dasselbe einen schwachen Strom an, der mit der Temperatur des Fadens und damit der Zahl der ausgesandten Elektronen zunimmt.

Die Elektronenaussendung aus einer glühenden Kathode bietet die Möglichkeit, Entladungen in verdünnter Luft bei erheblich geringeren Spannungen vor sich gehen zu lassen. So brachte Wehnelt in einer Entladungsröhre ein heizbares Platinblech, das noch mit einer dünnen Schicht von Bariumoxyd überzogen war, als Kathode an. Glühte die Kathode, so traten beim Anlegen von ca. 100 Volt Gleichspannung, deutlich sichtbare Kathodenstrahlen auf, die durch ihre starke magnetische Ablenkbarkeit sich als langsame (weiche) Kathodenstrahlen zu erkennen gaben. Ferner kann man mit Glühkathoden auch noch im äußersten Vakuum Entla-

---

[1]) Der Originalapparat von Hallwachs befindet sich im Deutschen Museum. Ebendaselbst befinden sich auch die licht- und glühelektrischen Apparate von Elster und Geitel, sowie die Originalröhren von Wehnelt.

18

dungen hervorrufen. Die hochevakuierte Glühkathodenröhre hat bereits wichtige Anwendungen in der Technik gefunden; einerseits beruht auf ihr die neueste und wirksamste Art der Röntgenröhre, andererseits findet sie als Gleichrichter — sowie als Lautverstärker und Sende-Röhre in der Funken-Telegraphie die ausgedehnteste Anwendung.

Um die auf die Kathode zufliegenden positiven Ionen für sich beobachten zu können, hat Goldstein die Kathode mit engen Durchbohrungen (Kanälen) versehen. Beim Durchgang der Entladung treten nach rückwärts Strahlen — die Kanalstrahlen — aus, die in Luft gelblich, in Wasserstoff rötlich gefärbt sind, und sich schon wenige Zentimeter hinter der Kathode wieder zerstreuen. Eine in die Röhre gebrachte Sonde nimmt beim Auftreffen der Kanalstrahlen eine positive Ladung an. Durch einen kräftigen Elektromagneten werden die Kanalstrahlen abgelenkt, und zwar in entgegengesetztem Sinne und viel geringer wie die Kathodenstrahlen.

Wir haben danach in den Kanalstrahlen die positiven Ionen vor uns, die im Kathodengefälle eine genügend große Geschwindigkeit erlangt haben, um auch im feldfreien Raume hinter der Kathode noch erhebliche Strecken weiterzufliegen, bis durch die Zusammenstöße mit anderen Gasmolekülen eine Verlangsamung und Zerstreuung eintritt. Die Masse der Ionen entspricht der Masse des Atoms oder Moleküls der im Rohr enthaltenen Gasreste. Ihre Geschwindigkeit ist etwa tausendmal geringer wie die der Elektronen; sie hängt von der Elektrodenspannung und dem Atomgewicht des Gases ab. Durch Verwendung von leichtverdampfenden Salzanoden (Natriumchlorid) und Erhöhung der Spannung ist es[1]) auch gelungen, positive Ionenstrahlen direkt an der Anode zu erzeugen. Nach einiger Zeit erhitzt sich nämlich die Salzanode und sendet dann ein Strahlenbündel aus, das in der Spektralfarbe des verwendeten Salzes leuchtet. Diese sog. Anodenstrahlen sind elektrisch und magnetisch ablenkbar in gleicher Weise wie die Kanalstrahlen und sind also positive Ionen, die mit großer Geschwindigkeit von der Anode ausgeschleudert werden.[2])

---

[1]) Goldstein überließ dem Deutschen Museum im Jahre 1906 seine wichtigsten Entladungsröhren, die er bei Entdeckung und Untersuchung der Kanalstrahlen verwendet hat.

[2]) Die Originalröhren, mit welchen Gehrcke und Reichenheim erstmals Anodenstrahlen erzeugt haben, befinden sich in den Sammlungen des Deutschen Museums.

Die auffallende Verschiedenheit der Kathoden- und Anodenstrahlen zeigt uns an, daß zwischen der früher als gleichwertig erachteten positiven und negativen Elektrizität ein tiefgehender Unterschied in bezug auf die Materie bestehen muß. Während die negative Elektrizität offenbar frei von Materie im Elektron vorkommt, ist die positive Elektrizität stets mit den Atomen der Materie verbunden; alle Versuche, die positive Elektrizität vom Ion abzuspalten, sind bisher ergebnislos geblieben. Wir müssen daher nach dem Stande der bis heute erforschten Tatsachen annehmen, daß es überhaupt nur eine Art von Elektrizität gibt, nämlich die negativen Elektronen, während die positive Elektrizität eine Eigenschaft der Materie ist, die negative Elektrizität verloren hat. Das neutrale Atom stellen wir uns danach so vor, daß um einen positiven Kern, der zugleich die Masse des Atoms enthält, gerade soviel Elektronen kreisen, daß die positive Elektrizität des Kernes aufgehoben wird. Verliert ein neutrales Atom — etwa durch Stoß — ein Elektron, so entsteht ein positives Ion. Setzt sich umgekehrt ein Elektron an ein neutrales Atom, so bildet sich ein negatives Ion.

Diese Auffassung vom Aufbau des Atoms, welche uns auch die radioaktiven Zerfallserscheinungen verständlich macht, hat neuerdings durch Niels-Bohr eine großartige Erweiterung erfahren und bildet das gemeinsame theoretische Fundament für die bisher getrennten Gebiete der Physik und der Chemie.

D. Die Wellennatur der Röntgenstrahlen.

Während die Kathoden- und die Kanalstrahlen bald nach ihrer Auffindung als bewegte Ionen und Elektronen erkannt wurden, blieb die Natur der Röntgenstrahlen bis vor zehn Jahren ein Rätsel.

Die Röntgenstrahlen lassen sich durch einen Magneten nicht ablenken, und das spricht gegen ihre Auffassung als Elektronenstrahlung. Andererseits zeigen sie außer der geradlinigen Ausbreitung keine der wesentlichen Eigenschaften der Lichtstrahlen. Sie werden weder an Spiegeln regelmäßig reflektiert, noch durch Prismen gebrochen, auch zeigten sie zunächst keine Beugung.

Das Fehlen der Beugung erschwerte das Erkennen der Natur der Röntgenstrahlen in hohem Maße. Denn gerade die Beugung des gewöhnlichen Lichtes beim Durchgang durch enge Spalten oder Gitter ermöglicht uns, die Länge der Lichtwellen zu messen. Dabei muß man beachten, daß nur dann meßbare Beugungen des Lichtes

20

auftreten, wenn die beugende Öffnung nur wenig größer ist als die
Wellenlänge des verwendeten Lichtes. Die kurzwelligste Lichtart,
das ultraviolette Licht, besteht aus Wellen von 400 Millionstel bis
100 Millonstel Millimeter. Für deren Auflösung lassen sich noch genügend feine Beugungsgitter herstellen, bei welchen 17 000 Teilstriche auf einen Zentimeter gehen, die Breite einer Spalte also
600 Millionstel Millimeter beträgt. Für Röntgenstrahlen zeigten
auch diese feinsten Gitter keine Beugungswirkung. Die Wellenlängen
der Röntgenstrahlen müssen danach erheblich kleiner sein; eine
erste Schätzung ihrer Länge konnte auf Grund der sog. Bremstheorie vorgenommen werden. Die Röntgenstrahlen entstehen
nämlich immer dann, wenn die Kathodenstrahlen auf ein Hindernis,
auf die Glaswand der Röhre oder auf das Metall der Antikathode
treffen. Die enorme Geschwindigkeit der die Kathodenstrahlen
bildenden Elektronen wird bei diesem Anprall plötzlich abgebremst. Da jedes bewegte Elektron in seiner Umgebung ein
elektromagnetisches Feld erzeugt, so folgt, daß die plötzliche Abbremsung der Bewegung im benachbarten Äther eine elektromagnetische Stoßwelle (Impuls) hervorruft, die sich mit Lichtgeschwindigkeit im Raum ausbreiten muß.[1]) Wenn nun die Elektronen in nahezu gleichen Intervallen auf die Antikathode auftreffen, so erhält man ein ganzes System aufeinanderfolgender
Stoßwellen, welche durchaus den Eindruck einer gewöhnlichen
Wellenbewegung machen. Die Länge einer Welle oder die
Impulsbreite ist dann der Abstand zweier aufeinanderfolgender
Impulse. Der aus der Theorie berechnete Wert der Impulsbreite
lag zwischen $1/10$ und $1/100$ eines Millionstel Millimeter. Die
Röntgenwellen sind danach 1000 bis 10 000 mal kürzer als die
kürzesten Wellen des ultravioletten Lichtes, und daraus wird das
Mißlingen aller Beugungsversuche an mechanisch herstellbaren
Gittern begreiflich.

Da kam vor 10 Jahren M. v. Laue auf den genialen Einfall,
daß die Natur selbst die feinsten Gitter (sog. Raumgitter) in den
aus Atomen regelmäßig aufgebauten Kristallen schafft. Die Maschenweite dieses Raumgitters (sog. Gitterkonstante) läßt sich
berechnen und ist von der Größenordnung von einigen Zehnteln
eines Millionsten Millimeters. Sie wäre also gerade fein genug, um
Röntgenwellen der vorhin angegebenen Länge abzubeugen. Der

---

[1]) Der experimentelle Nachweis, daß sich die Röntgenstrahlen mit
Lichtgeschwindigkeit ausbreiten, wurde (1910) durch M a r x erbracht, dessen
Originalversuchsanordnung im D e u t s c h e n   M u s e u m aufbewahrt wird.

Versuch[1]) bestätigte die Vermutung Laues in überraschender Weise. Beim Durchstrahlen einer einen halben Millimeter dicken Platte kristallisierter Zinkblende ergab sich auf einer photographischen Platte hinter dem Kristall um den Durchstoßungspunkt des Hauptstrahles eine Reihe dunkler Flecken, die durch eine Abbeugung aus der Richtung des Hauptstrahles entstanden sind. Die entstandene Interferenzfigur entspricht vollkommen derjenigen, die man beim Durchgang des Lichtes durch ein Netz quadratischer

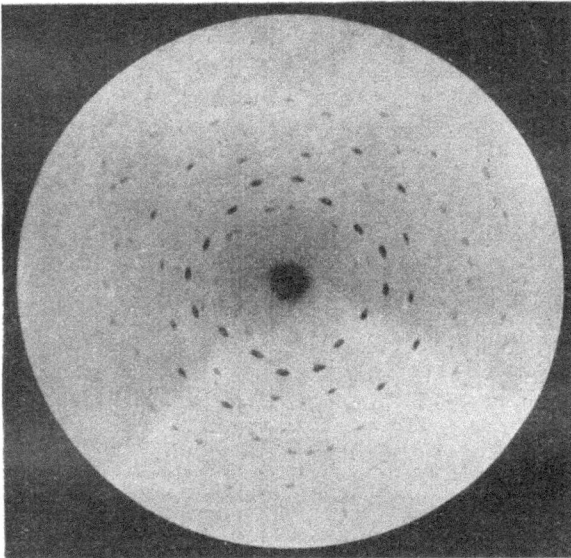

Abb. 7. Laues Interferenzversuch an einem Zinkblendekristall.

Öffnungen erhält. Das Kristall ist nämlich in der Richtung einer vierzähligen Symmetrieachse durchstrahlt worden. Infolgedessen kommt die Interferenzfigur bei einer ganzen Umdrehung viermal mit sich zur Deckung. Durch Ausmessung des Beugungsbildes konnte man die Länge der Röntgenwellen berechnen. Aus der Strichform der Flecken folgt, daß die Strahlung aus einem Gemisch von Wellen verschiedener Länge besteht, deren Wellenlängen zwischen $1/10$ und $1/100$ Millimeter liegen.

---

[1]) Die Versuchsanordnung, mit welcher v. Laue, Friedrich u. Knipping im Jahre 1912 an der Münchener Universität die Interferenz der Röntgenstrahlen nachgewiesen haben, stellt einen besonders wertvollen Besitz des Deutschen Museums dar. (Abb. 8.)

Röntgenstrahlen, die man früher durch das unsichere Kenn-
zeichen „hart« und »weich« unterschied, lassen sich also jetzt in
scharfer Weise durch ihre Wellenlänge trennen.

Die Entdeckung der Interferenz der Röntgenstrahlen trug
nicht nur für den Physiker und den Kristallographen, sondern
auch für den Chemiker reiche Früchte, indem man durch Ver-

Abb. 8. Versuchsanordnung, mit welcher Laue, Friedrich und Knipping im Jahre 1912 die
Interferenz der Röntgenstrahlen entdeckt haben.
Die von der Röntgenröhre (links) ausgehenden Strahlen fallen durch eine Öffnung der
Bleiwand auf die Bleiblende (Mitte) und treffen in einem schmalen Bündel auf den Kristall,
der auf dem Tischchen eines Goniometers (rechts) genau orientiert werden kann. Die Interferenzfigur entsteht nach mehrstündiger Expositionszeit auf der hinter dem Kristall aufge-
stellten photographischen Platte.

folgung der Laueschen Beobachtung zu einer Röntgenspektroskopie der Elemente gelangte, die einen tieferen Einblick in den
innersten Aufbau des Atoms gewährt.

Jedes Element, das von Röntgenstrahlen getroffen wird,
sendet nämlich neben einer zerstreuten sekundären Röntgen-
strahlung aus stetig aufeinanderfolgenden Wellenlängen (kontinu-
ierliches Spektrum) eine sog. charakteristische Strahlung aus, die
nur aus einzelnen, für das Element charakteristischen Wellen be-

steht. (Linienspektrum.) Die charakteristischen Strahlen kommen dadurch zustande, daß jeder durchstrahlte Körper bestimmte nahe nebeneinanderstehende Wellen in.erhöhtem Maße absorbiert, und die so absorbierte Energie in Form einer intensiven Eigenstrahlung von etwas größerer Wellenlänge wieder abgibt. Hiebei ist bemerkenswert, daß die charakteristische Strahlung ebensogut durch Kathodenstrahlung direkt ausgelöst werden kann, wie durch primäre Röntgenstrahlen. Bringt man daher den zu untersuchenden Körper als Antikathode in einer Röntgenröhre an, so erhält man neben der kontinuierlichen Bremsstrahlung eine sehr kräftige charakteristische Strahlung.

Die Grundlagen der Röntgenspektroskopie. Eine neue und für die weitere Erforschung der Röntgenstrahlen sehr wichtige Interferenzmethode wurde von den beiden englischen Physikern Bragg, Vater und Sohn, angegeben, indem diese die Röntgenstrahlen nicht durch die Kristallplatte hindurchschickten, sondern sie an ihr reflektieren ließen. Die gewöhnlichen Spiegel sind auch bei feinster Politur zu einer Reflexion der Röntgenstrahlen viel zu rauh, schien aber es nicht ausgeschlossen, daß an den mathematisch genauen Spaltflächen, das sind die mit den Atomen gleichmäßig besetzten Netzebenen eines Kristalls eine Reflexion stattfinden könne. Die Versuche haben diese Vermutung bestätigt, indessen tritt eine nachweisbare Reflexion eines homogenen Röntgenstrahles nicht, wie beim Lichte unter jedem Winkel ein, sondern nur für eine ganz bestimmte Neigung, die von der Wellenlänge des Röntgenstrahles und dem durch die Struktur des Kristalls bestimmten Abstand zweier aufeinanderfolgender Netzebenen abhängt. Es findet dann nämlich die Reflexion nicht allein an der obersten Netzebene, sondern auch an den in der Tiefe liegenden parallelen Netzebenen statt.

Diese Tatsache kann dazu verwendet werden, ein aus Röntgenstrahlen verschiedener Wellenlänge zusammengesetztes Bündel in seine Bestandteile zu zerlegen. Man läßt hierzu ein durch die Bleispalten S_1 und S_2 ausgeblendetes Strahlenbündel auf die senkrechte Spaltfläche einer Kristallplatte K (z. B. Steinsalz) unter flachem Winkel auffallen. (Abb. 9.) Bei langsamer Drehung des Kristalls ergeben sich diejenigen Neigungen, für welche Röntgenstrahlen bestimmter Wellenlänge reflektiert werden, indem sie auf einem lichtempfindlichen Film schwarze Linien (Spektrallinien) hervorrufen. In der Figur ist der Kristall in zwei Stellungen dargestellt, für welche Röntgenstrahlen der Wellenlänge λ_1 und λ_2

reflektiert werden. Zur Berechnung der zu den einzelnen Spektrallinien gehörigen Wellenlängen müssen die Reflexionswinkel mittels eines Goniometers auf das Genaueste gemessen werden. Diese Messungen haben zuerst die Braggs mit Hilfe eines Röntgenspektrometers und später hauptsächlich der schwedische Physiker Sieghahn[1]) mit einem Röntgenspektrographen für das ganze Spektralgebiet der Metalle durchgeführt.

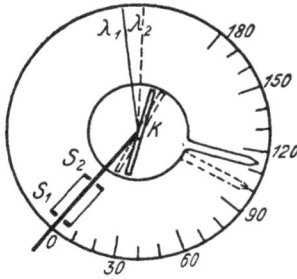

Abb. 9. Röntgenspektrograph.

Die Röntgenspektren der Elemente bilden sich auf der photographischen Platte als scharfe Linien ab, die sich indessen von den Linienspektren der Optik durch eine auffallende Einfachheit und Gesetzmäßigkeit unterscheiden. Von Element zu Element ändert sich die gegenseitige Stellung der Linien kaum, sie rücken nur mit wachsendem Atomgewicht stetig den kürzeren Wellen zu.

Der so schon äußerlich hervortretende einfache Zusammenhang zwischen der Wellenlänge der Spektrallinie und dem Atomgewicht des Elementes legt den Schluß nahe, daß wir in den Röntgenspektren ein Äußerung des Atominnern zu sehen haben, in einer Tiefe, in welche äußere Kräfte nur schwer eindringen, und in der alle Atome der verschiedenen Elemente gleichartig gebaut sind. Die theoretische Erklärung dieser Erscheinungen hat zu der von Niels Bohr begründeten Atomtheorie geführt, welche wichtige Probleme der Physik und Chemie, wie z. B. den Aufbau des Atoms, das Valenzproblem, das periodische System der Elemente etc., in ein neues Licht gebracht hat.

E. Die Anwendungen der Röntgenstrahlen.

Von den Anwendungen der Röntgenstrahlen haben diejenigen auf dem Gebiete der Heilkunde bei weitem die größte Bedeutung. Das verheißungsvolle Zeichen der Röntgenschen Skeletthand hat auf ein Ziel gewiesen, das heute nicht nur erreicht, sondern bei weitem übertroffen ist. Hat doch außer der Kenntnis des kranken und gesunden Knochengerüstes auch die Erforschung der inneren Organe einen neuen Aufschwung genommen. Darüber hinaus

---

[1]) Ein Original-Vakuumspektrograph hat Sieghahn dem Deutschen Museum überlassen.

offenbarte sich eine in den Röntgenstrahlen liegende Heilkraft, an welche man im Anfang am wenigsten gedacht hatte. Die ersten Anwendungen fanden die Röntgenstrahlen wohl zur Feststellung der Lage von Fremdkörpern, wie Geschossen, Nadeln usw., die sich im Röntgenbilde als dunkle, scharfe Schatten abzeichneten. Sodann waren es Brüche und Verrenkungen der Gliedmaßen, die der Durchleuchtung am bequemsten zugänglich waren, und deren genaue Feststellung früher auch dem erfahrenen Chirurgen große Schwierigkeiten bereitet hatte. Für den Patienten hat die neue Untersuchung das Angenehme, daß sie vollkommen schmerzlos ist.

Abb. 10.
Röntgenkabinett mit Instrumentarium der Allgemeinen Elektrizitätsgesellschaft Berlin.

Von großer Wichtigkeit ist sodann auch die Kontrolle des Heilprozesses im Röntgenbilde; denn auch durch das Verbandmaterial dringen die Röntgenstrahlen hindurch, so daß sich die Lage der Knochenenden deutlich erkennen läßt. Mit der Verbesserung der Röhren konnte man auch bald schwerer zugängliche Teile des Knochengerüstes, wie den Schädel, die Wirbelsäule, das Becken, durchleuchten. Im Deutschen Museum (Saal 26) hängt die erste von Professor Zehnder in Würzburg im Jahre 1896 hergestellte Röntgenaufnahme eines ganzen Menschen. Dortselbst ist auch ein von der Allg. Elektrizitätsgesellschaft gestiftetes Röntgenkabinett aufgestellt, in welchem jeder Besucher seine Hand, sein Portemanaie etc. durchleuchten kann. (Abb. 10.) Zur genauen Feststellung der Lage von Fremdkörpern macht man neuerdings vielfach zwei Aufnahmen von verschiedenen Standpunkten aus und bringt die beiden perspektivisch verschiedenen Schattenbilder in ein Stereoskop. Mit Hilfe einer verschiebbaren Marke kann man dann die räumlichen Verhältnisse des Objektes ausmessen.

Aber auch die inneren Organe; wie das Herz, der Magen, die Lungen, heben sich durch ihre Schatten deutlich ab. Von besonderem Interesse war die Untersuchung des Magens im Röntgenbilde. Um hierfür den Magen als möglichst tiefen Schatten zu erhalten, wurde der Magen mit einem für die Röntgenstrahlen möglichst undurchlässigen Speisebrei gefüllt. Hinter dem Leuchtschirm kann man dann nicht nur die Form und die Lage des Magens feststellen, sondern auch seine Bewegungen genau verfolgen. Der Vergleich des Röntgenbildes eines gesunden und kranken Magens kann dann dem Arzt wichtige Anhaltspunkte zur Feststellung einer Erkrankung geben. Es ist auch gelungen, die einzelnen Phasen der Magenbewegungen durch eine Anzahl von Röntgenaufnahmen festzuhalten. Reproduziert man die Bilder in entsprechender Verkleinerung auf einem Film, so sieht man in einem Kinoprojektionsapparat die natürliche Verdauungsbewegung des Magens vor sich gehen. Nach ähnlichen Methoden lassen sich auch die Bewegungen des Zwerchfelles bei der Atmung, der Schluckakt des Kehlkopfes usw. studieren.

Mit der Verbesserung der Röntgenbilder durch Herausarbeitung der feinsten Helligkeitsstufen wurde zugleich auch der Blick des Arztes geschärft, so daß er imstande ist, im Röntgenbilde auch Organe, die sich in der Dichtigkeit von der Umgebung nur wenig unterscheiden, wie die Lunge, die Leber, die Niere etc., zu erkennen. Man konnte so daran gehen, den Aufbau des gesamten Organismus im Röntgenatlas zu Studienzwecken darzustellen. Da sehr viele Erkrankungen eines Organes die Dichtigkeit des Gewebes verändern, so ändert sich damit auch die Tiefe des Schattens und es bietet sich die Möglichkeit, Erkrankungen der Knochen oder innerer Organe zu erkennen.

Die Röntgenstrahlen besitzen, ähnlich wie die Lichtstrahlen, eine heilende, lebenspendende Kraft, die bei zahlreichen Erkrankungen der Haut und der inneren Organe mit Erfolg angewandt werden kann. Allerdings waren es zuerst Entzündungen und Verbrennungen der zu stark oder zu lange bestrahlten Haut, welche auf solche tiefergehenden Wirkungen der Röntgenstrahlen hinwiesen. Als man diese Gefährlichkeit der Röntgenstrahlen noch nicht kannte, ist leider manch tapferer. Pionier auf dem neuentdeckten Gebiete ein Opfer der sog. Röntgenverbrennung geworden. Heute sind durch ausreichende Schutzmaßnahmen, wie Blenden und Wände aus Blei, Bleiglasfenster, Schutzdecken aus bleihaltigem Gummi, der Kranke, der Arzt sowie seine Gehilfen vor Schädigungen durch die Röntgenstrahlen geschützt.

Die Heilwirkung der Röntgenstrahlen beruht nach den bisherigen Beobachtungen darauf, daß in vielen Fällen erkrankte Zellen infolge der Bestrahlung absterben, während gesunde Zellen nur wenig geschädigt, mitunter sogar belebt werden. Dabei hängt die biologische Wirkung außer von der Natur der Zelle in hohem Maße von der Härte und von der Intensität der im Gewebe absorbierten Strahlung ab. Wir erkennen hieraus die Bedeutung der Meßinstrumente für die genannten Eigenschaften der Röntgenstrahlen, die den Arzt erst in Stand setzen, die zur Erzielung bestimmter Heileffekte notwendigen Dosen festzulegen. Als sehr wirksam zeigten sich insbesondere für die Bestrahlung innerer Organe die harten und die überharten Strahlen.

Die technische Vervollkommnung des Röntgenapparates, verbunden mit einer ausgedehnten medizinischen Praxis, haben die Röntgentherapie heute bereits soweit entwickelt, daß zahlreiche Erkrankungen der Haut und innerer Organe, wie z. B. bösartige Geschwulste, besondere Formen der Tuberkulose etc., bei welchen andere Heilmethoden versagen, geheilt werden können.

Außer in der Medizin haben die Röntgenstrahlen auch in der Materialuntersuchung eine interessante Anwendung gefunden, die hier noch erwähnt sein soll. Bereits Röntgen hat in seinen ersten Veröffentlichungen an der Aufnahme des Doppellaufes eines Jagdgewehres mit zwei darin steckenden Kugel- und Schrotpatronen gezeigt, daß man auch die innere Struktur von Metallen oder aus verschiedenen Metallen bestehende Gegenstände im Röntgenbilde erkennen kann. Auch zur Untersuchung von Eisenplatten, Trägern, Röhren auf Gußfehler, Risse usw. hat man die Röntgenphotographie mit Erfolg angewendet. Soll hiebei das Eisen in den praktisch vorkommenden Stärken durchstrahlt werden, so sind allerdings die größten Apparate, welche die härtesten Strahlen liefern, erforderlich. Will man die Zusammensetzungen von Legierungen, z. B. Wolframstahl, Nickel-Platin usw., untersuchen, so stellt man sich 1-mm-Schnitte zur Durchleuchtung her. Auch zur Untersuchung elektrischer Kabel sind die Röntgenstrahlen häufig verwendet worden.

Ein anderes Anwendungsgebiet ist der Nachweis der Fälschungen von Edelsteinen im Röntgenlichte. Man kennt die Durchlässigkeit sämtlicher Mineralien, die man durch Verwendung genau gleich dicker Platten auch zahlenmäßig in einer Tabelle zum Ausdruck bringen kann. Es ergibt sich hiebei, daß die wertvollsten Edelsteine, wie Diamant und Rubin, eine erheblich größere Durch-

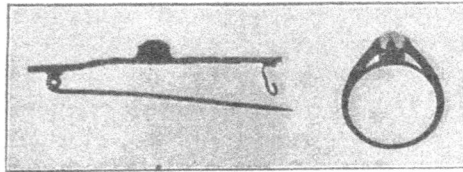

Abb. 11. Röntgenbild eines unechten (dunkler Schatten) und eines echten (heller Schaften) Diamanten.

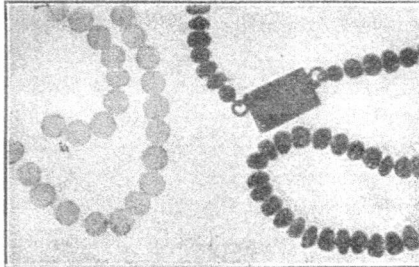

Abb. 12. Röntgenlicht von echten und unechten Perlen.
Die echten Perlen sind wesentlich schwerer als die unechten, erstere (rechts) geben deshalb viel dunkleren Röntgenschatten als letztere (links).

lässigkeit besitzen wie die Halbedelsteine, z. B. Topas und Bergkristall. (Abb. 11). Dagegen sind echte Perlen undurchlässig und unterscheiden sich dadurch leicht von künstlichen Perlen. (Abb. 12).

F. Die technischen Formen der Röntgenröhre.

Aus dem einfachen Laboratoriumsgerät Röntgens, das als wertvolles historisches Dokument in den Sammlungen des Deutschen Museums aufbewahrt wird, hat die Technik in den letzten 25 Jahren zahlreiche leistungsfähige, den Bedürfnissen der Praxis weitgehend angepaßte Instrumentarien entwickelt.

Der wesentlichste Bestandteil des Röntgenapparates ist die Röntgenröhre. Die ersten Röhren, mit denen Röntgen seine grundlegenden Versuche anstellte, waren gewöhnliche Hittorf-Crookessche Röhren[1]), bei welchen die Röntgenstrahlen von der fluoreszierenden Glaswand ausgingen; da hiebei die Strahlen von verschiedenen Stellen der Glaswand ausgesandt wurden, waren die Schatten unscharf. Schon 1896 beschrieb Röntgen die sog. Fokusröhre (Abb. 13), bei welcher ein Aluminiumhohlspiegel als Kathode dient, so daß die Kathodenstrahlen auf ein im Mittelpunkt der kugelförmigen Röhre angebrachtes, schräg gestelltes Platinblech — die sog. Antikathode — treffen. Von dem Auftreffpunkt der Antikathode gehen dann kräftige Röntgenstrahlen nach allen Richtungen aus und erzeugen scharfe Schattenbilder.

Diese Anordnung der Röntgenröhre hat sich bis zum heutigen Tage im Prinzip erhalten. Die weiteren Verbesserungen beziehen sich hauptsächlich auf die Kühlung der Antikathode und die Vorrichtungen zur Konstanthaltung des Vakuums.

An der Antikathode tritt bei Vernichtung der lebendigen Kraft der Elektronen eine hohe Wärmeentwicklung auf, so daß sie schon bei geringer elektrischer Belastung in Glut gerät (nur etwa der

Abb. 13. Röntgenröhre.

tausendste Teil der Energie der Kathodenstrahlen wird in Röntgenstrahlen umgewandelt). Man muß daher bei größerer Belastung die Antikathode mit einer besonderen Kühlvorrichtung versehen. Dies geschieht z. B. durch Ableitung der Wärme nach außen mittels eines kräftigen Kupferstabes, der an einem hinter der dünnen Antikathode sitzenden Kupferklotz befestigt und außerhalb der Röhre mit Kühlrippen versehen ist (Luftkühlröhre). Vielfach wird die Antikathode durch an ihr vorbeifließendes Wasser gekühlt (Wasserkühlröhre)[2]).

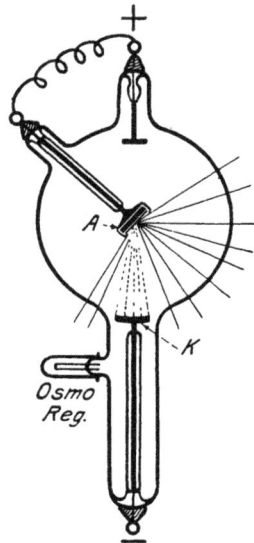

---

[1]) Im Deutschen Museum sind die ersten Röhren Röntgens zu sehen.

[2]) Die 70 Nummern umfassende Röhrensammlung des Deutschen Museums gibt einen vollständigen Überblick über die technische Entwicklung der Röntgenröhre.

Auch die Glaskugel der Röhre wird durch die Wärmestrahlung der Antikathode sowie durch reflektierte Kathodenstrahlen erwärmt; durch einen genügend großen Durchmesser (15 bis 20 cm) kann indessen diese Erwärmung unschädlich gemacht werden.

Bei Verwendung der Röntgenstralilen in der Medizin ist es wesentlich, daß die Strahlen eine durch die Dosierung bestimmte Härte und Intensität besitzen. Die Röntgenröhre hat nun aber die unangenehme Eigenschaft, daß sich ihr Gasgehalt und damit die Härte ihrer Strahlen während des Stromdurchganges ändert. Die von der Kathode zerstäubten Metallteilchen setzen sich an der Glaswand fest und saugen infolge ihrer feinen Verteilung Luft ein. In der ersten Zeit hat man durch Erwärmen der Röhre mit der Bunsenflamme die Luft von der Glaswand wieder in das Innere der Röhre getrieben und dadurch die Röhre wieder weich gemacht. Heute gibt es eine große Anzahl sinnreicher Vorrichtungen zur Konstanthaltung des Vakuums — sog. Regeneriervorrichtungen (z. B. die Osmoregenerierung) — durch welche entweder Luft in die Röhre eingelassen oder in ihr entwickelt wird.

Die beschränkte Lebensdauer sowie das umständliche und unstetige Regenerieren der »gashaltigen« Röntgenröhren wurde durch die Erfindung der sog. »gasarmen« Röhren durch Lilienfeld und Coolidge beseitigt. Bei diesen Röhren handelt es sich um eine grundsätzlich neue Art, Röntgenstrahlen zu erzeugen. Die Kathodenstrahlen werden hier nicht durch Ionenstoß erzeugt, sondern sie gehen von einer Glühkathode (s. S. 17) aus. Hiebei kann auf jeden Gasrest in der Röhre verzichtet, das Vakuum also bis an die praktisch erreichbare Grenze (etwa 0,0001 mm Quecksilberdruck) getrieben werden. Eine derartige Röhre hat wegen des Fehlens von Ionen bei kalten Elektroden einen so hohen Widerstand, daß die Hochspannungsentladung nicht mehr hindurchgeht. Diese kann erst zustande kommen, wenn die Kathode glüht und Elektronen aussendet.

Bei der Lilienfeldröhre befindet sich (Abb. 14) in dem unteren kugelförmigen Raume der mit einem Heiztransformator (Tr) verbundene Glühdraht (G), in ihrem oberen Raume die Antikathode (A). Beide Räume sind durch die durchbohrte Hilfskathode (K) getrennt; durch welche die von dem Glühdraht ausgehenden Elektronen auf die Antikathode treffen, wo dann die Röntgenstrahlen entstehen.

Die Geschwindigkeit, mit welcher die Elektronen die Antikathode treffen, und damit die Härte der Röntgenstrahlen, wird durch eine an die Hilfskathode angelegte, durch den Widerstand (*W*) veränderbare Spannung geregelt. Wie die Härte, kann auch die Intensität der Röntgenstrahlen durch Regulierung der Heizstromstärke auf jeden praktisch erforderlichen Wert eingestellt werden.

Im Coolidgerohr (Abb. 15) wird als Glühkathode eine enggewundene Spirale aus dünnem Wolframdraht (*S*) verwendet, die mit Hilfe einer kleinen Akkumulatorenbatterie (*B*) geheizt wird. In den Heizstromkreis ist ein Amperemeter sowie ein Widerstand (*W*) eingeschaltet, durch

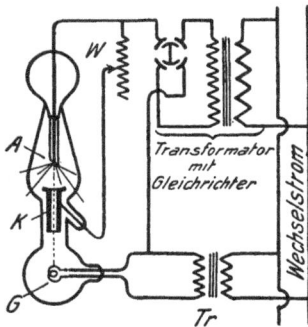

Abb. 14. Lilienfeldrohr mit Stromzuführung.

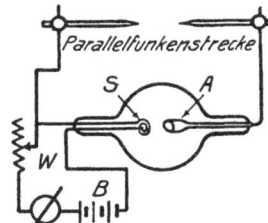

Abb. 15. Coolidge-Rohr.

dessen Regulierung die Glühtemperatur des Fadens und damit die Intensität der Röntgenstrahlen geregelt wird. Die Strahlenhärte wird durch Abstufung der Hochspannung eingestellt. Die Antikathode ist zugleich Anode und besteht aus einem Stück Wolframmetall.

Die Glühkathoden-Röntgenröhren bedeuten einen wesentlichen technischen Fortschritt; sie stehen z. Zt. in Anbetracht ihrer Vorzüge im Wettkampf mit den früher ausschließlich verwendeten gashaltigen oder Ionenröhren. Und wir dürfen hoffen, daß dieser Wettstreit die weitere Entwicklung der Röhrentechnik günstig beeinflussen wird.

G. Einiges vom Betrieb des Röntgenapparates.

Zum Betrieb einer Röntgenröhre sind hohe Spannungen von 85- bis 200000 Volt erforderlich, die einer Schlagweite von 10 bis 120 cm entsprechen.

Bei dem enormen Widerstand der Röhre sind trotz der hohen Spannungen die durchgehenden mittleren Stromstärken nur gering, sie betragen etwa 10 bis 100 Milliampere. Die Röhre muß ferner stets im gleichen Sinne vom Strom durchflossen werden, damit die von der Kathode ausgehenden Elektronen stets auf die Antikathode treffen. Bei verkehrter Strömung würden von der Antikathode Kathodenstrahlen ausgehen, die beim Auftreffen auf die Glaswand der Röhre neue Zentren für den Ausgang von Röntgenstrahlen bilden, durch welche die Bildschärfe der ursprünglichen Strahlen beeinträchtigt würde. Es kommen daher zum Anschluß an Röntgenröhren nur solche Apparate in Betracht, die Gleichspannung liefern, nämlich:

    1. der Funkeninduktor mit Unterbrecher und

    2. der Wechselstromtransformator mit Hochspannungsgleichrichter.

Die ersten Funkeninduktoren für hohe Spannungen hat vor etwa 50 Jahren ein Deutscher, Ruhmkorff, erfunden.

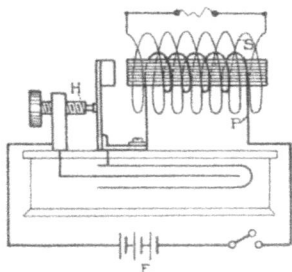

Abb. 16. Schema des Funkeninduktors.

Zu 1. Der Funkeninduktor (Abb. 16) besteht aus einer über einen Kern aus dünnen Eisendrähten gewickelten Primärspule P mit wenigen (100 bis 400) Windungen eines dicken Drahtes, die mit einer Gleichstromquelle Q und einem Unterbrecher H (z. B. dem Wagnerschen Hammer) versehen ist. Über der Primärspule liegt die aus vielen Windungen (40- bis 200000) bestehende Sekundärspule, an deren Enden die Röntgenröhre angeschlossen wird.

Bei jedem Öffnen und Schließen des primären Stromes entstehen in der sekundären Spule durch Induktion Spannungsstöße entgegengesetzter Richtung. Dabei ist die induzierte Öffnungsspannung erheblich größer wie die Schließungsspannung. Durch geeignete Maßregeln kann man die Spannung des Schließungsstromes im Verhältnis zu derjenigen des Öffnungsstroms so weit herabdrücken, daß sie praktisch nicht mehr in Frage kommt. Der Funkeninduktor liefert dann nur die gleichgerichteten Impulse der Öffnungsspannung, die um so höher sind, je mehr Windungen die Sekundärspule besitzt, je größer die Stromstärke in der Primärwicklung ist, und je rascher die Unterbrechung des Primärstromes erfolgt. Der ursprüngliche Platinkontakt-Unterbrecher (Wagner'scher Hammer), der Foucaultsche Quecksilbertauchunterbrecher und seine Abarten kommen heute nur noch für kleinere Induktorien in Betracht; für größere Instrumentarien wird durchweg der rotierende Quecksilberunterbrecher und der elektrolytische Unterbrecher verwendet. Die rotierenden Quecksilberunterbrecher kommen in zwei Typen vor: nämlich als Quecksilberstrahlunterbrecher sowie als Zentrifugalunterbrecher. Der Grundgedanke des ersteren beruht darauf, daß man Quecksilber mittels einer kleinen rasch laufenden Turbine (T) (Abb. 17) ansaugt und es durch seitliche Düsen (S) gegen einen mit Ausschnitten versehenen Metallring (R) ausfließen läßt. Trifft der Quecksilberstrahl den Ring, so ist Kontakt vorhanden, trifft er dagegen einen Ausschnitt, so ist der Stromkreis unterbrochen. Um das Quecksilber vor Verbrennung durch den

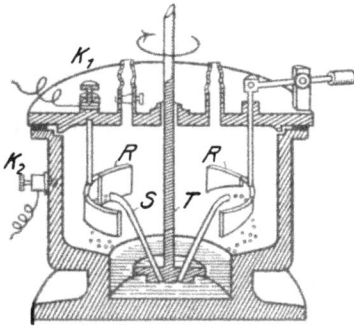

Abb. 17. Quecksilberstrahl-Unterbrecher.

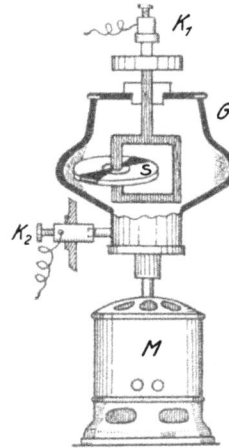

Fig. 18. Zentrifugalunterbrecher.

Öffnungsfunken zu bewahren, läßt man den rotierenden Quecksilberstrahl in Petroleum oder in Leuchtgas laufen. Der Gasunterbrecher ist imstande, die stärksten Ströme gefahrlos zu unterbrechen und arbeitet auch bei starker Belastung sehr gleichförmig, so daß er in neuerer Zeit in zunehmendem Maße benützt wird.

Beim Ring- oder Zentrifugalunterbrecher (Abb. 18) wird Quecksilber in einem wulstartig ausgebauchten Metallgefäß (G), das durch einen Elektromotor (H) in rasche Rotation versetzt wird, am inneren Umfang des Gefäßes durch die zentrifugale Wirkung nach der Stelle des größten Durchmessers getrieben, wo es sich in Form eines Ringes ansammelt. In diesen Quecksilberring taucht eine Kontaktscheibe S, welche durch das rotierende Quecksilber in Drehung versetzt wird. Die Kontaktscheibe besteht aus einer runden, aus Isolationsmaterial gefertigten Platte, in welche ein mit der Achse der Klemme K_1 verbundenes Metallstück eingesetzt ist; so oft dasselbe durch das Quecksilber hindurch streift, wird der Stromschluß zwischen dem Quecksilber (Klemme K_2) und der Klemme K_1 hergestellt. Als Schutzflüssigkeit wird auch hier Petroleum verwendet. Bei beiden Unterbrechern ist die sekundliche Unterbrecherzahl durch Änderung der Tourenzahl des Motors einstellbar. Weiterhin läßt sich auch das Verhältnis der Stromschlußdauer zur Dauer der Pause zwischen zwei Stromschlüssen regeln.

Eine weitere Art sind die elektrolytischen Unterbrecher. Man unterscheidet hier den »Wehnelt«- und den »Simon«-Unterbrecher.

Der von Wehnelt erfundene Unterbrecher besteht aus einem mit verdünnter Schwefelsäure gefüllten Gefäß, in welches ein aus einem Porzellanrohr herausragender Platinstift als positive Elektrode und eine Bleiplatte als negative Elektrode eintauchen.

Der Simon-Unterbrecher besitzt in verdünnter Schwefelsäure zwei Bleielektroden, von welchen die eine in einem Porzellanrohr steckt, das mit einer kleinen Öffnung versehen ist. Bei dieser Anordnung ist es gleichgültig, welche der beiden Elektroden die positive ist. Die Wirkungsweise des Wehnelt-Unterbrechers beruht darauf, daß sich bei genügend starkem Stromdurchgang an der kleinen Fläche des Platinstiftes — beim Simon-Unterbrecher in der feinen Öffnung des Porzellanrohres — durch die elektrolytische Zersetzung und die Verdampfung der Flüssigkeit eine isolierende Dampfhülle bildet, durch welche der Strom jäh unterbrochen wird. Die hiedurch in der Primärwicklung des Induktors entstehende Öffnungsspannung veranlaßt einen Funken zwischen der Platinspitze und der Flüssigkeit, der das Gasgemisch zur Explosion bringt und somit den Stromschluß wieder herstellt. Der Strom ist einmal unterbrochen und dann wieder geschlossen worden. Dieser Vorgang wiederholt sich bei dauerndem Stromdurchgang regelmäßig und um so rascher, je größer die Stromstärke gemacht wird.

Je größer die Leistung des Induktoriums, um so größer muß die Oberfläche und die Länge des Stiftes gewählt werden und umso größere Stromwerte gehen dann durch den Unterbrecher. Die Länge der Stifte ist daher regulierbar. In bezug auf die Geschwindigkeit der Unterbrecher ist der Wehnelt-Unterbrecher dem Quecksilberunterbrecher überlegen; auch besitzt er keine beweglichen Teile, bedarf keiner besonderen Wartung und ist bei einfachster Handhabung in weiten Grenzen regulierbar.

Zu 2. Für eine Anwendung hoher Wechselspannungen in der Röntgentechnik waren Schaltapparate erforderlich, welche die

Wechselspannungen gleich richten. Die großen Schwierigkeiten, die bei der praktischen Durchbildung dieser Schaltapparate, der sog. Hochspannungsgleichrichter, anfänglich auftraten, dürfen heute als überwunden angesehen werden, so daß diese Apparate in verschiedenen bewährten Ausführungen heute in der Röntgentechnik in Verwendung sind.

Die Grundidee der Hochspannungsmaschine geht aus nebenstehendem Schema (Abb. 19) hervor: der Wechselstrom niederer Spannung (100 bis 220 Volt), der direkt dem Netz entnommen werden kann, wird in einem Transformator (Tr) auf eine Spannung von 15- bis 120000 Volt gebracht. Die sekundäre Hochspannung wird zu den beiden feststehenden Kontaktbügeln (S$_1$ und S$_3$) des Kommutators geführt, während die Bügel S_2 und S_4 mit der Röntgenröhre verbunden sind. Innerhalb der feststehenden Segmente dreht sich genau im Takte mit der

Abb. 19. Hochspannungsmaschine mit Gleichrichter.

Periode des Wechselstromes ein aus Isoliermaterial bestehender Arm J mit zwei an seinen Enden befestigten Metallbügeln R_1 und R_2. Dieselben rotieren an den feststehenden Bügeln nahe vorbei und stellen durch die überspringenden Funken die Verbindung stets so her, daß die Röntgenröhre dauernd Stromstöße gleicher Richtung erhält. (Vgl. Abb. 19) Die Röhre wird daher sehr geschont und gibt scharfe und kontrastreiche Bilder.

Neuerdings ist Siemens auch die Gleichrichtung hochgespannter Wechselströme mittels Glühkathodenröhren, die als Ventil wirken, gelungen.

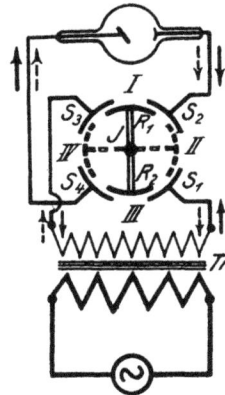